BEI GRIN MACHT SICH IHR
WISSEN BEZAHLT

- Wir veröffentlichen Ihre Hausarbeit,
  Bachelor- und Masterarbeit

- Ihr eigenes eBook und Buch -
  weltweit in allen wichtigen Shops

- Verdienen Sie an jedem Verkauf

Jetzt bei www.GRIN.com hochladen
und kostenlos publizieren

Irene Filipiak

Stochastische Programmierungsmodelle

Value-at-Risk, Conditional Value-at-Risk und Asset-Liability-Management

GRIN Verlag

Bibliografische Information der Deutschen Nationalbibliothek:

Die Deutsche Bibliothek verzeichnet diese Publikation in der Deutschen National-
bibliografie; detaillierte bibliografische Daten sind im Internet über http://dnb.d-
nb.de/ abrufbar.

Impressum:

Copyright © 2009 GRIN Verlag GmbH
Druck und Bindung: Books on Demand GmbH, Norderstedt Germany
ISBN: 978-3-656-50007-0

Dieses Buch bei GRIN:

http://www.grin.com/de/e-book/232835/stochastische-programmierungsmodelle

GRIN - Your knowledge has value

Der GRIN Verlag publiziert seit 1998 wissenschaftliche Arbeiten von Studenten, Hochschullehrern und anderen Akademikern als eBook und gedrucktes Buch. Die Verlagswebsite www.grin.com ist die ideale Plattform zur Veröffentlichung von Hausarbeiten, Abschlussarbeiten, wissenschaftlichen Aufsätzen, Dissertationen und Fachbüchern.

Besuchen Sie uns im Internet:

http://www.grin.com/

http://www.facebook.com/grincom

http://www.twitter.com/grin_com

Filipiak Irene
Institut für Mathematik der Universität Augsburg
Diskrete Mathematik, Optimierung und Operations Research
Seminar Nichtlineare Optimierung in der Finanzmathematik
Wintersemester 2009/10

3. November 2009

Stochastische Programmierungsmodelle:

Value-at-Risk,
Conditional Value-at-Risk und
Asset-Liability-Management

Thema Nr. 19
Bezug auf „Optimization Methods in Finance" von Gerard Cornuejols und Reha Tütüncü
Kapitel 17 & 18, Seiten 271-291

Zusammenfassung

In diesem Kapitel wird neben dem Value-at-Risk und dem Conditional Value-at-Risk auch das Asset-Liability-Management in der stochastischen Programmierung vorgestellt. Der Value-at-Risk und der Conditional Value-at-Risk beschreiben Risikomaße, mit denen der erwartete Verlust bzw. Gewinn bei Aktiengeschäften berechnet werden kann. Das Asset-Liability-Management bezeichnet ein Verfahren zur Steuerung von Versicherungsunternehmen anhand der zukünftigen Entwicklung von Aktiva und Passiva. Dies ist sehr wichtig, da das finanzielle Wohl jeder Firma in der Bilanzaufstellung der Gesellschaft widergespiegelt wird.

Inhaltsverzeichnis

1. Stochastische Programmierungsmodelle: Value-at-Risk und Conditional Value-at-Risk

In diesem Kapitel wird nicht nur der Value-at-Risk (VaR), welcher ein weit verbreitetes Risikomaß in der Finanzierung ist, sondern auch der Conditional Value-at-Risk (CVaR) behandelt. Außerdem wird ein Optimierungsmodell, das ein Portfolio durch stochastische Programmierung optimiert, präsentiert.

1.1. Risikomaße

Der VaR ist ein Risikomaß bezogen auf das Quantil des Durchschnittsverlusts der Normalverteilung und repräsentiert den vorausgesagten maximalen Verlust mit einem gegebenen Konfidenzniveau α (z.B. 95%) über einen bestimmten Zeitraum hinweg (z.B. 1 Tag). Betrachte z.B. eine Zufallsvariable X, die den Verlust von einem Investitionswertpapierbestand über eine gewisse Zeitspanne hinweg darstellt. Ein negativer Wert für X zeigt Gewinne an. Der α-VaR einer Zufallsvariable X ist schließlich durch folgende Relation gegeben:

$$\mathrm{VaR}_\alpha(X) := \min\{\gamma : P(X \geq \gamma) \leq 1 - \alpha\} \tag{1.1}$$

Wenn die Verlust-Verteilung stetig ist, ist $\mathrm{VaR}_\alpha(X)$ einfach der Verlust, so dass

$$P(X \leq \mathrm{VaR}_\alpha(X)) = \alpha$$

gilt.

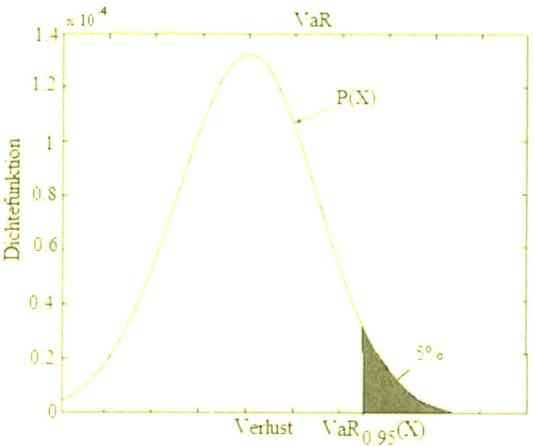

SP Modelle: VaR und CVaR

Abbildung 1.1   Der 0.95-VaR einer Portfolio-Verlust-Verteilung

Abbildung 1.1 zeigt einen Plot über den 0.95-VaR für eine Normalverteilung des Portfolioverlustes. Allerdings hat der Risikowert ein bedeutendes unerwünschtes Merkmal - er ist nicht subadditiv. Risikomaße sollten folgendem Merkmal entsprechen: „Das Gesamtrisiko von zwei verschiedenen Investitionswertepapierbeständen überschreitet die Summe der individuellen Risiken nicht". Für ein Risikomaß f gelte also:

$$f(x_1 + x_2) \leq f(x_1) + f(x_2), \ \forall x_1, x_2.$$

Beispiel 1.1. *Betrachte zwei unabhängige Investitionsmöglichkeiten, bei denen jede einen Gewinn von 1 US-\$ mit Wahrscheinlichkeit 0.96 und einen Verlust von 2 US-\$ mit Wahrscheinlichkeit 0.04 hat. Dann ist das 0.95-VaR für beide −1. Betrachte nun die Summe dieser beiden Investitionsmöglichkeiten. Wegen Unabhängigkeit hat diese Summe folgende Verlust-Verteilung: 4 US-\$ mit Wahrscheinlichkeit 0.04 × 0.04 = 0.0016,1 US-\$ mit Wahrscheinlichkeit 2 × 0.96 × 0.04 = 0.0768, und −2 US-\$ mit Wahrscheinlichkeit 0.96 × 0.96 = 0.9216. Deshalb ist das 0.95-VaR der Summe der beiden Investitionen gleich 1, was −2 übertrifft, die Summe vom 0.95-VaR Wert der individuellen Investitionen.*

Da die Berechnung und Optimierung des VaR's recht schwierig ist und da er nicht das Ausmaß des Verlustes beachtet, wird nun der Conditional Value-at-Risk (CVaR) eingeführt. Desweiteren wird gezeigt, wie der CVaR optimiert werden kann.

Man betrachte ein Portfolio von Anlagen, mit zufälligem Ertrag. Das ausgewählte Portfolio wird mit dem Vektor $x \in \mathbb{R}^n$ und das zufällige Ereignis mit dem Vektor $y \in \mathbb{R}^m$ bezeichnet. Sei nun $f(x, y)$ mit $f : \mathbb{R}^n \times \mathbb{R}^m \to \mathbb{R}$ die Funktion des Verlustes mit Entscheidungsvariable x und beliebiger Variable y, welche den Wert der Risikofaktoren beschreibt. y besitze die Dichtewahrscheinlichkeit $p(y)$. Die Wahrscheinlichkeit, dass für ein gegebenes Portfolio x der Verlust $f(x, y)$ den Wert $\gamma \in \mathbb{R}$ nicht überschreitet, ist dann

$$\Psi(x, \gamma) := \int_{f(x,y)<\gamma} p(y)dy \tag{1.2}$$

Falls die Dichte des Verlustes keine Sprünge hat, ist $\Psi(x, \gamma)$ in Abhängigkeit von γ überall stetig. Sei nun $\alpha \in (0, 1)$ gegeben. Der α-VaR, $\text{VaR}_\alpha(x)$ ist dann definiert als:

$$\text{VaR}_\alpha(x) := \min\{\gamma \in \mathbb{R} : \Psi(x, \gamma) \geq \alpha\} \tag{1.3}$$

Da $\Psi(x, \gamma)$ überall stetig ist, existiert ein γ, so dass $\Psi(x, \gamma) = \alpha$ gilt.

Das Risikomaß CVaR verknüpft mit dem Portfolio x und für ein Konfidenzniveau α wird wie folgt definiert:

$$\text{CVaR}_\alpha(x) := \frac{1}{1-\alpha} \int_{f(x,y) \geq \text{VaR}_\alpha(x)} f(x, y)p(y)dy \tag{1.4}$$

Beachte, dass

$$\text{CVaR}_\alpha(x) = \frac{1}{1-\alpha} \int_{f(x,y) \geq \text{VaR}_\alpha(x)} f(x, y)p(y)dy$$

$$\geq \frac{1}{1-\alpha} \int_{f(x,y) \geq \text{VaR}_\alpha(x)} \text{VaR}_\alpha(x)p(y)dy$$

$$= \frac{\text{VaR}_\alpha(x)}{1-\alpha} \int_{f(x,y) \geq \text{VaR}_\alpha(x)} p(y)dy$$

$$\geq \text{VaR}_\alpha(x),$$

Für eine diskrete Wahrscheinlichkeitsdichte (wenn Ereignis y_j mit Wahrscheinlichkeit p_j, für $j = 1, \ldots, n$, auftritt), wird die obige Definition vom CVaR zu

$$\text{CVaR}_\alpha(x) = \frac{1}{1-\alpha} \sum_{j:f(x,y_j) \geq \text{VaR}_\alpha(x)} p_j f(x, y_j).$$

4

Beispiel 1.2. *Vorausgesetzt man hat die Verlustfunktion $f(x,y)$ für eine gegebene Entscheidung x als $f(x,y) = -y$ mit $y = 75 - j$ mit Wahrscheinlichkeit von 1% für $j = 0, \ldots, 99$ gegeben. Dann bestimmt man den Value-at-Risk $VaR_\alpha(x)$ für $\alpha = 95\%$. Es gilt $VaR_{95\%}(x) = 20$, da der Verlust 20 oder mehr ist mit der Wahrscheinlichkeit von 5%.*
Um den bedingten Value-at-Risk zu berechnen, wird die Definition von oben benutzt:

$$CVaR_{95\%}(x) = \frac{1}{0.05}(20 + 21 + 22 + 23 + 24) \times 0.01 = 22.$$

1.2. Minimierung des CVaR

Da die Definition des CVaR's die Funktion des VaR's explizit mit einschließt, ist es schwierig damit zu arbeiten und diese Funktion zu optimieren. Stattdessen wird die folgende Hilfsfunktion aufgestellt:

$$F_\alpha(x,\gamma) := \gamma + \frac{1}{1-\alpha} \int_{f(x,y) \geq \gamma} (f(x,y) - \gamma)\, p(y)dy. \tag{1.5}$$

Alternativ kann man $F_\alpha(x,\gamma)$ auch wie folgt schreiben:

$$F_\alpha(x,\gamma) = \gamma + \frac{1}{1-\alpha} \int (f(x,y) - \gamma)^+\, p(y)dy, \tag{1.6}$$

wobei $(f(x,\gamma) - \gamma)^+ := \begin{cases} f(x,\gamma) - \gamma & \text{falls } f(x,y) - \gamma > 0, \\ 0 & \text{sonst.} \end{cases}$

Diese Funktion hat die folgenden, wichtigen Eigenschaften:

1. $F_\alpha(x,\gamma)$ ist eine konvexe Funktion bzgl. γ.

2. $VaR_\alpha(x)$ minimiert $F_\alpha(x,\gamma)$ über γ.

3. Für $F_\alpha(x,\gamma)$ ist der Minimalwert bzgl. γ der $CVaR(x)$.

Um $CVaR_\alpha(x)$ über x zu minimieren muss die Funktion $F_\alpha(x,\gamma)$ bezüglich x und γ gleichzeitig minimiert werden:

$$\min_{x \in X} CVaR_\alpha(x) = \min_{x \in X, \gamma} F_\alpha(x,\gamma). \tag{1.7}$$

Oft ist es nicht möglich, die gemeinsame Dichtewahrscheinlichkeit $p(y)$ des zufälligen Ereignisses zu bestimmen. Stattdessen kann man eine Vielzahl von Szenarien haben, wie etwa y_s für $s = 1, \ldots, S$. Man nehme an, dass alle Szenarien die gleiche Wahrscheinlichkeit haben. In diesem Fall wird die empirische Verteilungsfunktion des zufälligen Ereignisses, basierend auf den vorhandenen Szenarien, benutzt und man erhält die folgende Approximation der Funktion $F_\alpha(x,\gamma)$:

$$\tilde{F}_\alpha(x,\gamma) := \gamma + \frac{1}{(1-\alpha)S} \sum_{s=1}^{S} (f(x,y_s) - \gamma)^+. \tag{1.8}$$

Vergleiche diese Definition mit (1.6). Jetzt kann das Problem $\min_{x \in X} CVaR_\alpha(X)$ approximiert werden, indem man $F_\alpha(x,\gamma)$ mit $\tilde{F}_\alpha(x,\gamma)$ in (1.7) ersetzt:

$$\min_{x \in X, \gamma} \gamma + \frac{1}{(1-\alpha)S} \sum_{s=1}^{S} (f(x,y_s) - \gamma)^+. \tag{1.9}$$

Um dieses Optimierungsproblem zu lösen wird die konstruierte Variable z_s eingeführt. Sie wird $(f(x, y_s) - \gamma)^+$ ersetzen. Dies wird mit Hilfe der Restriktionen $z_s \geq f(x, y_s) - \gamma$ und $z_s \geq 0$ erreicht.

$$\min_{x,z,\gamma} \quad \gamma + \frac{1}{(1-\alpha)S} \sum_{s=1}^{S} z_s$$

$$\text{unter} \quad z_s \geq 0, \, s = 1, \ldots, S,$$
$$z_s \geq f(x, y_s) - \gamma, \, s = 1, \ldots, S, \qquad (1.10)$$
$$x \in X.$$

Beachte, dass die Restriktionen $z_s \geq 0$ und $z_s \geq f(x, y_s) - \gamma$ nicht alleine gewährleisten können, dass $z_s = (f(x, y_s) - \gamma)^+ = \max\{f(x, y_s) - \gamma, 0\}$ gilt. z_s kann größer als beide rechten Seiten und trotzdem zulässig sein. Da aber die Zielfunktion minimiert wird, welche ein positives Vielfaches von z_s mit einschließt, wird es niemals optimal sein, z_s einem Wert zuzuteilen, der größer als das Maximum der beiden Mengen $f(x, y_s) - \gamma$ und 0 ist. Deswegen wird z_s zu $(f(x, y_s) - \gamma)^+$. Falls $f(x, y)$ in x linear ist, repräsentieren alle Ausdrücke $z_s \geq f(x, y_s) - \gamma$ lineare Restriktionen. Es tauchen aber auch andere Optimierungsprobleme im Kontext des Risikomaßes auf. Zum Beispiel versuchen Risikomanager oftmals ein Erfolgsmaß zu optimieren (z.B. erwarteter Gewinn) während sie sicher stellen, dass ein gewisses Risikomaß einen Schwellenwert nicht überschreitet. Wenn das Risikomaß der CVaR ist, ist das resultierende Optimierungsproblem:

$$\max_x \quad \mu^T x$$
$$\text{unter} \quad \text{CVaR}_{\alpha^j}(x) \leq U_{\alpha^j}, \qquad j = 1, \ldots, J, \qquad (1.11)$$
$$x \in X.$$

J ist ein festgesetzter Index auf verschiedenen Konfidenzintervallen, der für CVaR Schätzungen benutzt wird und U_{α^j} steht für den maximalen zulässigen CVaR-Wert im Konfidenzintervall α^j. Man kann die CVaR-Funktion in den Berechnungen des Problems mit der Funktion $F_\alpha(x, \gamma)$ ersetzen und dann diese Funktion approximieren, indem man Szenarien für zufällige Ereignisse verwendet:

$$\max_{x,z,\gamma} \quad \mu^T x$$
$$\text{unter} \quad \gamma + \frac{1}{(1-\alpha^j)S} \sum_{s=1}^{S} z_s \leq U_{\alpha^j}, \qquad j = 1, \ldots, J,$$
$$z_s \geq 0, \qquad\qquad s = 1, \ldots, S, \qquad (1.12)$$
$$z_s \geq f(x, y_s) - \gamma, \, s = 1, \ldots, S,$$
$$x \in X.$$

1.3. Beispiel: Anleihen-Portfolio-Optimierung

Ein Portfolio riskanter Anleihen soll durch eine große Wahrscheinlichkeit von kleinen Gewinnen charakterisiert sein. Aber es ist auch mit einer kleinen Wahrscheinlichkeit, einen großen Betrag der Investition zu verlieren, verbunden. VaR und CVaR sind geeignete Kriterien um das Portfolio-Kreditrisiko zu minimieren.

Das folgende Beispiel stammt aus den Schriften von Anderson *et al* [7]. Es wird ein Portfolio von 197 Anleihen aus 29 verschiedenen Ländern mit einem Marktwert von 8.8 Milliarden Dollar und einer Laufzeit von fünf Jahren berechnet. Das Ziel ist das Portfolio auszugleichen, um das Kreditrisiko zu minimieren. Das heißt, sie wollen die Verluste, die sich aus dem Zahlungsverzug oder einem Rückgang des Marktwertes ergeben, minimieren. Der Verlust infolge der Kreditmigration ist

$$f(x,y) = (b - y)^T x,$$

wobei b die zukünftigen Werte jeder Anleihe ohne Kreditmigration sind und y die zukünftigen Werte mit Kreditmigration (also ist y ein beliebiger Vektor). Der Kreditverlust des Ein-Jahres-Portfolios wurde durch die Benutzung einer Monte-Carlo-Simulation[1] erzeugt: 20000 Szenarien gemeinsamer Kreditwürdigkeit von Schuldnern und zugehörigen Verlusten. Durch Minimierung des CVaR's bekommt man das Portfolio ins Gleichgewicht. Die Menge X der möglichen Portfolios wurde durch folgende Restriktionen beschrieben. Sei x_i das Gewicht der Anleihe i des Portfolios, Ober- und Unterschranken werden für jedes x_i gesetzt:

$$l_i \leq x_i \leq u_i \ i = 1, \ldots, n,$$

$$\sum_i x_i = 1.$$

Um die effiziente Grenze zu berechnen wurde der erwartete Portfoliogewinn größer gleich R gesetzt.

$$\sum_i \mu_i x_i \geq R.$$

Fazit: das lineare Programm (1.10) wird wie folgt aufgestellt:

$$\min_{x,z,\gamma} \ \gamma + \frac{1}{(1-\alpha)S} \sum_{s=1}^{S} z_s$$

$$\text{abhängig von } z_s \geq \sum_i (b_i - y_{is})x_i - \gamma \qquad \text{für } s = 1, \ldots, S,$$

$$z_s \geq 0 \qquad \text{für } s = 1, \ldots, S,$$

$$l_i \leq x_i \leq u_i \qquad i = 1, \ldots, n,$$

$$\sum_i x_i = 1,$$

$$\sum_i \mu_i x_i \geq R.$$

---

[1] Die Monte-Carlo-Simulation ist ein Verfahren, dass zukünftige Entwicklungen der betrachteten Risikoparameter mit Hilfe eines jeweils eigenen stochastischen Prozesses modelliert.

2. Stochastische Programmierungsmodelle: Asset-Liability-Management

2.1. Asset-Liability-Management

Sei L_t die Verbindlichkeit der Firma und R_{it} der Gewinn der Anlage i im Jahre t für $t = 1, \ldots, T$. Die L_t's und die R_{it}'s sind beliebige Variablen. Die Entscheidungsvariablen sind:

$$x_{it} = \text{Marktwert investiert in Anlage } i \text{ im Jahr } t$$

Die Entscheidung x_{it} im Jahr t wird getroffen, nachdem die beliebigen Variablen L_t und R_{it} realisiert wurden. Das Entscheidungsproblem ist mehrstufig stochastisch, ohne Rückkehr. Das Programm kann wie folgt geschrieben werden:

$$\max \quad E\left[\sum_i x_{iT}\right]$$

abhängig von

Anlagenanhäufung: $\quad \sum_i (1 + R_{it})x_{i,t-1} - \sum_i x_{it} = L_t \text{ für } t = 1, \ldots, T,$

$$x_{it} \geq 0.$$

Die Restriktion sagt, dass der Überschuss mit x_{it} in Vermögen i angelegt ist. Dieser bleibt übrig nachdem die Verbindlichkeit L_t gedeckt ist. Hier ist $x_{0,t}$ fest und kann von Null verschieden sein. Das Ziel des Modells ist das erwartete Vermögen am Ende des Planungszeitraums zu maximieren.

Nun wird ein mehrstufiges, stochastisches Programm vorgestellt: Hierbei werden Zeitabschnitte mit $t = 0, 1, \ldots, T$ definiert. Die Entscheidungsvariablen des stochastischen Programms sind nun:

$$
\begin{aligned}
x_{it} &= \text{Marktwert in Anlage } i \text{ bei } t, \\
w_t &= \text{Fehlbetrag des Zinseinkommens für } t \geq 1, \\
v_i &= \text{überschüssige Zinseinkommen für } t \geq 1.
\end{aligned}
$$

Unbestimmte Variablen erscheinen im stochastischen linearen Programm für $t \geq 1$:

$$
\begin{aligned}
R_{it} &= \text{Rendite von Anlage } i \text{ von } t - 1 \text{ bis } t, \\
RI_{it} &= \text{Zinseinkommen von Anlage } i \text{ von } t - 1 \text{ bis } t, \\
F_t &= \text{eingezahlter Zufluss von } t - 1 \text{ bis } t, \\
P_t &= \text{wesentliche Auszahlung von } t - 1 \text{ bis } t, \\
I_t &= \text{Zinsauszahlung von } t - 1 \text{ bis } t, \\
g_t &= \text{Rate zu der Zinsen den Policen gutgeschrieben werden von } t - 1 \text{ bis } t, \\
L_t &= \text{Verbindlichkeit bei } t.
\end{aligned}
$$

Parametrisierte Funktionen erscheinen in der Zielfunktion:

$$c_t = \text{stückweise lineare konvexe Kostenfunktion.}$$

Das Ziel des Modells ist es, Fonds unter verfügbaren Anlagen aufzuteilen, um das erwartete Vermögen am Ende des Planungshorizontes T abzüglich erwarteter Fehlbeträge zu maximieren:

$$\max \quad E\left[\sum_i x_{iT} - \sum_{t=1}^T c_t(w_t)\right]$$

abhängig von

Anlagenanhäufung:
$$\sum_i x_{it} - \sum_i (1 + RP_{it} + RI_{it})x_{i,t-1}$$
$$= F_t - P_t - I_t \qquad \text{für } t = 1, \ldots, T,$$

Ausfälle im Zinseinkommen:
$$\sum_i RI_{it}x_{i,t-1} + w_t - v_t = g_t L_{t-1} \quad \text{für } t = 1, \ldots, T,$$

$$x_{it} \geq 0, \quad w_t \geq 0, \quad v_t \geq 0.$$

$$(2.1)$$

Verbindlichkeiten-Saldo und Geldströme werden so berechnet, dass das Verhältnis der Verbindlichkeiten eingehalten wird:

$$L_t = (1 + g_t)L_{t-1} + F_t - P_t - I_t \quad \text{für } t \geq 1.$$

2.1.1. Schuldenmanagement

Neben dem ALM-Problem ist auch das Schuldenmanagement ein wichtiges Thema in der Unternehmensfinanzplanung. Hierbei wird ein Bezugssystem für mehrere Perioden mit T Zeitabschnitten betrachtet. Man verwendet die Indizes s und t die sich zwischen 0 (jetzt) und T (Ablaufdatum) erstrecken, um verschiedene Zeitspannen im Modell zu zeigen. Betrachte K Schuldarten, die unterschieden werden nach Zeck, Dauer und Anwesenheit (bzw. Abwesenheit), einer für den Entleiher verfügbaren Kaufoption. In dieser Notation erstreckt sich der Exponent k zwischen 1 und K und bezeichnet die verschiedenen Schuldarten, die in Betracht gezogen werden. Die Entstehung der Zinssätze wird durch Verwendung eines Szenariobaums beschrieben. Es sei $e_j = e_{j1}, e_{j2}, \ldots, e_{jT}$, $j = 1, \ldots, J$ ein Probepfad des Szenariobaums, der einer Folge von Zinssatzereignissen entspricht. Wenn ein Parameter oder eine Variable durch die Ereignissequenz e_j bedingt ist, wird die Notation (e_j) benutzt. Die Entscheidungsvariablen sind in diesem Modell folgende:

- $B_t^k(e_j)$: Dollarbetrag zum Nettowert[1] der Schuldart k, geliehen am Anfang der Periode t.

- $O_{s,t}^k(e_j)$: Dollarbetrag zum Nettowert der Schuldart k, geliehen in Periode s und unbezahlt zu Beginn der Periode t.

- $R_{s,t}^k(e_j)$: Dollarbetrag zum Nettowert der Schuldart k, geliehen in Periode s und zurückgezahlt zu Beginn der Periode t.

- $S_t(e_j)$: Dollarwert des überschüssigen Bargeldbestandes bei Beginn der Periode t.

Als nächstes werden die Eingangs-, und Eingabeparameter des Problems aufgelistet:

- $r_{s,t}^k(e_j)$: Zinszahlung in Periode t pro Dollar nicht bezahlter Schulden k, erstellt in Periode s.

- $f_t^k(e_j)$: Abschlussgebühren (außer Bonus oder Nachlass) pro Dollar geliehener Schuldart k, erstellt in Periode t.

---

[1] Zu einem Preis, der gleich dem Nettowert der Sicherheit ist; das ursprüngliche Preisproblem der Sicherheit.

- $g_{s,t}^k(e_j)$: Rückzahlungsbonus oder Nachlass pro Dollar für Schuldart k, erstellt in Periode s, falls in Periode t zurückgezahlt.[2]

- $i_t(e_j)$: Zins der durch den Überschuss von Bargeld pro Dollar in Periode t verdient wurde.

- $p(e_j)$: Wahrscheinlichkeit für das Sequenz-Ereignis e_j. Beachte, dass $p(e_j) \geq 0 \ \forall j$ und $\sum_{j=1}^j p(e_j) = 1$.

- C_t: Bargeldbedarf für Periode t, der negativ sein kann, um einen Betriebsüberschuss anzuzeigen.

- M_t: maximale erlaubte Kosten des Schuldservices in Periode t.

- q_t^k (Q_t^k): minimales (maximales) Leihen von Schuldart k in Periode t.

- $L_t(e_j)$ $(U_t(e_j))$: minimaler (maximaler) Dollarbetrag von Schulden (pro Stück) zurückgezahlt in Periode t.

Die Zielfunktion von diesem Problem wird wie folgt ausgedrückt:

$$
\min \sum_{j=1}^J p(e_j) \left(\sum_{k=1}^K \sum_{t=1}^T (1 + g_{t,T}^k(e_j))[O_{t,T}^k(e_j) - R_{t,T}^k(e_j)] + (1 - f_T^k)B_T^k(e_j) \right).
$$

(2.2)

Diese Funktion drückt die erwarteten Gesamttilgungskosten der am Ende der Periode T ausstehenden Gesamtschulden aus. Nun werden die Restriktionen des Problems aufgelistet:

- **Bargeldbedarf:** Für jede Periode $t = 1, \ldots, T$ und möglichen Pfad $j = 1, \ldots, J$:

$$
C_t + S_t(e_j) = \sum_{k=1}^K \left\{ (1 - f_t^k)B_t^k(e_j) + (1 + i_{t-1}(e_j))S_{t-1}(e_j) \right.
$$
$$
\left. - \sum_{s=0}^{t-1} \left[r_{s,t}^k(e_j)O_{s,t}^k(e_j) - \left(1 + g_{s,t}^k(e_j)\right) R_{s,t}^k(e_j) \right] \right\}.
$$

- **Einschränkungen der Restschuld:** Für $j = 1, \ldots, J, t = 1, \ldots, T, s = 0, \ldots, t-2$, und $k = 1, \ldots, K$:

$$
O_{s,t}^k(e_j) - O_{s,t-1}^k(e_j) + R_{s,t-1}^k(e_j) = 0.
$$
$$
O_{t-1,t}^k(e_j) - B_{t-1}^k(e_j) - R_{t-1,t}^k(e_j) = 0.
$$

- **Maximale Schuldkosten:** Für $j = 1, \ldots, J, t = 1, \ldots, T$, und $k = 1, \ldots, K$:

$$
\sum_{s=1}^{t-1} \left(r_{s,t}^k(e_j)O_{s,t}^k(e_j) - i_{t-1}(e_j)S_{t-1}(e_j) \right) \leq M_t.
$$

- **Grenzen der Kreditaufnahme:** Für $j = 1, \ldots, J, t = 1, \ldots, T$, und $k = 1, \ldots, K$:

$$
q_t^k \leq B_t^k(e_j) \leq Q_t^k.
$$

---

[2] Diese Parameter werden dazu benutzt, um Kaufoptionen zu definieren und um die Schuld des Portfolios am Ende des Planungshorizontes zu bewerten.

- **Grenzen der Auszahlung:** Für $j = 1, \ldots, J$ und $t = 1, \ldots, T$:

$$L_t(e_j) \leq \sum_{k=1}^{K} \sum_{s=0}^{t-1} R_{s,t}^k(e_j) \leq U_t(e_j).$$

- **Nichtnegativität:** Für $j = 1, \ldots, J, t = 1, \ldots, T, s = 0, \ldots, t-2,$ und $k = 1, \ldots, K$:

$$B_t^k(e_j) \geq 0, \quad O_{s,t}^k(e_j) \geq 0, \quad R_{s,t}^k(e_j) \geq 0, \quad S_t(e_j) \geq 0.$$

2.2. Synthetische Optionen

Da der Kauf von hochwertigen und kurzfristigen Optionen erforderlich ist, sind die Kosten des langfristigen Schutzes teuer. Für große institutionelle und genossenschaftliche Kapitalanleger ist eine billigere Lösung die gewünschte Auszahlungsstruktur künstlich zu erzeugen und verfügbare Ressourcen zu verwenden. Das wird „Synthetische Strategieoption" genannt.

2.2.1. Das Modell

Das Modell basiert auf folgenden Daten:

W_0 = das anfängliche Vermögen des Kapitalgebers,
T = geplanter Horizont,
R = risikoloser Ertrag für eine Periode,
R_t^i = Ertrag für Anlage i zum Zeitpunkt t,
θ_t^i = Transaktionskosten für Kauf und Verkauf von Anlage i
zum Zeitpunkt t.

Die R_t^i's sind beliebig, aber deren Verteilung ist bekannt:
Die benutzten Variablen im Modell sind folgende:

x_t^i = Betrag von Anlage i, zugeteilt zum Zeitpunkt t,
A_t^i = Betrag von Anlage i, gekauft zum Zeitpunkt t,
D_t^i = Betrag von Anlage i, verkauft zum Zeitpunkt t,
α_t = Betrag von der risikolosen Anlage i, erzeugt zum Zeitpunkt t.

Nun wird ein stochastisches Programm, das die gewünschte Rückzahlung am Ende des Planungshorizontes T erzeugt, formuliert. Zuerst werden die Nebenbedingungen diskutiert.

Das anfängliche Portfolio ist

$$\alpha_0 + x_0^1 + \cdots + x_0^n = W_0.$$

Das Portfolio zum Zeitpunkt t ist

$$x_t^i = R_t^i x_{t-1}^i + A_t^i - D_t^i \qquad \text{für } t = 1, \ldots, T,$$

$$\alpha_t = R\alpha_{t-1} - \sum_{i=1}^{n} \left(1 + \theta_t^i\right) A_t^i + \sum_{i=1}^{n} \left(1 + \theta_t^i\right) D_t^i \qquad \text{für } t = 1, \ldots, T.$$

Man kann auch Obergrenzen auf Anteile riskanter Anlagen im Portfolio setzen:

$$0 \leq x_t^i \leq m_t \left(\alpha_t + \sum_{j=1}^{n} x_t^j\right),$$

wobei m_t vom Kapitalgeber gewählt wird.

Der Portfoliowert am Ende des Planungshorizontes ist

$$v = R\alpha_{T-1} + \sum_{i=1}^{n} \left(1 - \theta_T^i\right) R_T^i x_{T-1}^i,$$

Der summierte Term ist der Wert der risikoreichen Anlage zum Zeitpunkt T.
Um die gewünschte synthetische Option zu konstruieren, wird v in risikolose Werte des Portfolios Z und einen Überschuss $z \geq 0$, der vom zufälligen Ereignis abhängt, gespaltet.
Es gilt:

$$v = Z + z,$$
$$z \geq 0.$$

Betrachte Z und z als Variablen des Problems. Man optimiert sie zusammen mit der Aufteilung der Anlage x und anderen vorher beschriebenen Variablen. Die Zielfunktion des stochastischen Programms ist

$$\max\ E(z) + \mu Z,$$

wobei $\mu \geq 1$ die Risikoaversion des Kapitalgebers und gegeben ist.
Falls $\mu = 1$ gilt, ist es das Ziel, den erwarteten Ertrag zu maximieren.
Falls μ sehr groß ist, ist es das Ziel „risikolosen Profit" zu maximieren.

Als ein Beispiel wird ein Kapitalgeber mit anfänglichem Vermögen $W_0 = 1$ betrachtet.
Das Modell wird für einen Zwei-Perioden-Planungshorizont geschrieben, d.h. $T = 2$. Zum Zeitpunkt $t = 1$ haben die Erträge R_1^+ und R_1^- für die riskante Anlage die Wahrscheinlichkeit 0.5. Für $t = 2$ haben die Erträge R_2^+ und R_2^- ebenso die Wahrscheinlichkeit 0.5.
θ steht für die Transaktionskosten für Kauf und Verkauf von einer riskanter Anlage.

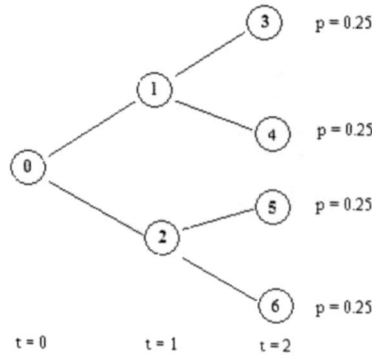

Abbildung 2.1   Darstellung eines Binärbaumes

An Abbildung 2.1 kann man gut ablesen, dass es in diesem Beispiel vier Möglichkeiten gibt, wobei jede die Wahrscheinlichkeit 0.25 hat. Der Knoten 0 stellt die sog. Wurzel des Baumes dar. Man könnte auch sagen, dass er der Startknoten zum Zeitpunkt $t = 0$ ist.
Die Wurzel hat zwei Nachfolger. Diese werden in $t = 1$ als Knoten 1 und 2 bezeichnet.

Zum Zeitpunkt $t = 2$ gibt es schließlich die Knoten 3, 4, 5 und 6, wobei Knoten 3 und 4 Nachfolger von Knoten 1 sind und Knoten 5 und 6 Nachfolger von Knoten 2. Die Knoten in $t = 2$ werden auch als „Blätter" bezeichnet, da sie die Endknoten des Baumes sind und keine Nachfolger mehr haben.

Sei x_i der Betrag der risikoreichen bzw. α_i der Betrag der risikolosen Anlage im Portfolio bei Knoten i des Binärbaumes. Z ist der risikolose Wert des Portfolios und z_i ist der Überschuss bei Knoten i. Das lineare Programm ist dann:

$$\max \quad 0.25z_3 + 0.25z_4 + 0.25z_5 + 0.25z_6 + \mu Z$$

abhängig vom

Anfangsportfolio: $\quad \alpha_0 + x_0 = 1$

ausgeglichene Einschränkungen: $\quad x_1 = R_1^+ x_0 + A_1 - D_1$

$$\alpha_1 = R\alpha_0 - (1 + \theta)A_1 + (1 - \theta)D_1$$

$$x_2 = R_1^- x_0 + A_2 - D_2$$

$$\alpha_2 = R\alpha_0 - (1 + \theta)A_2 + (1 - \theta)D_2$$

Rückzahlung: $\quad z_3 + Z = R\alpha_1 + (1 - \theta)R_2^+ x_1$

$$z_4 + Z = R\alpha_1 + (1 - \theta)R_2^- x_1$$

$$z_5 + Z = R\alpha_2 + (1 - \theta)R_2^+ x_2$$

$$z_6 + Z = R\alpha_2 + (1 - \theta)R_2^- x_2$$

Nichtnegativität: $\quad \alpha_i, x_i, z_i, A_i, D_i \geq 0.$

2.2.2. Ein Beispiel

Im Folgenden wird das synthetische Optionsmodell an einem Beispiel, das aus der Schrift von Zhao und Ziemba [8] stammt, verdeutlicht. Es gibt drei Anlagearten (Bargeld, Anleihen und Aktien) und vier Perioden (ein Ein-Jahres-Horizont mit vierteljährlichen Portfolio-Rückzahlungen). Der vierteljährliche Bargeldertrag ist konstant bei $\rho = 0.0095$. Für Aktien und Anleihen sind die erwarteten logarithmischen Ertragssätze: $s = 0.04$ bzw. $b = 0.019$. Transaktionskosten sind 0.5% für Aktien und 0.1% für Anleihen. Die im stochastischen Programm benutzten Szenarien werden erzeugt, indem man ein Auto-Regressions-Modell[3] benutzt:

$$\begin{cases} s_t = 0.037 - 0.193s_{t-1} + 0.418b_{t-1} - 0.172s_{t-2} + 0.517b_{t-2} + \epsilon_t, \\ b_t = 0.007 - 0.140s_{t-1} + 0.175b_{t-1} - 0.023s_{t-2} + 0.122b_{t-2} + \eta_t. \end{cases}$$

Die Paare (ϵ_t, η_t) charakterisieren die Unsicherheit. Die Szenarien werden durch die zufällige Auswahl von 20 Paaren von (ϵ_t, η_t) erzeugt, um die empirische Verteilung von einer ungewissen Periode zu schätzen. Auf diese Art und Weise wird ein Baumdiagramm mit 160000 ($= 20 \times 20 \times 20 \times 20$) Pfaden für 4 Perioden erzeugt, wobei die Pfade die möglichen Ergebnisse von Anlageerträgen beschreiben.

Für $\mu = 2.5$ ist die Verteilung wegen dynamischer, abfallender Risikokontrolle weit nach rechts verstreut. Der Wert des abschließenden Portfolios ist immer mindestens 4.6% größer als der des anfängliche Portfolio-Vermögens mit einer erwarteten Ertragsrate von 16.33% und einer Standardabweichung bzw. Volatilität von 7.2%. Falls das statistische Markowitz-Modell benutzt wird, ist der erwarteter Ertrag 15.4% mit derselben Standardabweichung. Im Markowitz-Modell kann das Vermögen am Ende des Ein-Jahres-Horizontes 5% geringer sein als zu Beginn. Dies ist der schlecht möglichste Fall.

---

[3] Das Auto-Regressions-Modell ist ein statistisches Modell, mit dem man Zusammenhänge zwischen verschiedenen unabhängigen Variablen feststellen kann.

Tabelle 2.1 *Ein typisches Portfolio*

		Cash	Aktien	Anleihen	Portfoliowert am Ende der Periode
					100
Periode	1	12%	18%	70%	103
	2		41%	59%	107
	3		70%	30%	112
	4	30%		70%	114

Es ist ebenfalls interessant ein Beispiel eines typischen Portfolios zu betrachten (einer der 160000 Pfade), der vom synthetischen Optionsmodell erzeugt wurde (das lineare Programm wurde mit einer Obergrenze von 70% auf einen Teil der Aktien oder Anleihen im Portfolio festgelegt. (siehe Tabelle 2.1)

2.3. Fallbeispiel: Preisbildung bei Optionen mit Transaktionskosten

Eine europäische Kaufoption einer Aktie hat immer einen Basispreis X, die Fälligkeit T und einen Ausübungspreis S. Der Wert einer solchen Aktie wird als $\max(S - X, 0)$ beschrieben. Das Black-Scholes-Merton-Preisbildungsmodell bezieht den Preis einer Option auf die Volatilität σ des Aktienertrags und wird durch das Binomialmodell hergeleitet. Der Markt ist effizient und vollkommen. Der Kurs der zugrundeliegenden Aktie ist lognormalverteilt und es existiert ein konstanter Zinssatz. Für eine gegebene Aktie sollten Optionen mit verschiedenen Basispreisen zum gleichen σ führen. In diesem Modell legt man eine Zeitperiode Δ zwischen Handelsmöglichkeiten fest. Das Binomialmodell setzt voraus, dass zwischen den Handelsperioden nur zwei mögliche Aktienpreisveränderungen möglich sind.

1. Es gibt N Stufen im Baum, mit Index $0,1,\ldots,N$, wobei Stufe 0 die Wurzel des Baums ist und Stufe N die letzte Stufe ist. Wenn man das Fälligkeitsdatum T für eine Option durch N teilt, ergibt sich, dass die Länge einer Stufe $\Delta = T/N$ ist.

2. Die Bezeichnung des Startknotens ist k_0.

3. Für einen Knoten $k \neq k_0$ sei k^- der direkte Vorgänger des Knotens k.

4. Sei $S(k)$ der Aktienpreis bei Knoten k und sei $B(k)$ der Anleihenpreis bei Knoten k.

5. Man nehme an, dass die Zinsraten bei einem Jahressatz r festgesetzt sind, so dass $b(k^-)e^{r\Delta}$ gilt.

6. σ bezeichne die Volatilität des Aktienertrages. Es wird die Standard-Parametrisierung $u = e^{\sigma\sqrt{\Delta}}$ und $d = 1/u$ verwendet. Also $S(k) = S(k^-)e^{\sigma\sqrt{\Delta}}$, falls ein „uptick" von k^- zu k und $S(k) = S(k^-)e^{-\sigma\sqrt{\Delta}}$ falls ein „downtick" vorkommt.

7. Sei $n(k)$ die Anzahl der Aktien bei Knoten k und sei $m(k)$ die Anzahl der Anleihen bei k.

2.3.1. Das Standardproblem

Wähle $n(k)$ Stückzahlen von der Aktie und $m(k)$ Mengen von der Anleihe mit nicht abschließenden Knoten k. Dann kann das Preisbildungsproblem als folgendes lineare Programm dargestellt werden:

$$\min \quad n(k_0)S(k_0) + m(k_0)B(k_0)$$

abhängig von

ausgeglichenen Restriktionen: $\quad n(k^-)S(k_0) + m(k^-)B(k) \geq n(k)S(k) + m(k)B(k)$

für jeden Startknoten $k \neq k_0$

kopierte Restriktionen: $\quad n(k^-)S(k) + m(k^-)B(k) \geq \max(S(k) - X, 0)$

für jeden Startknoten k, $\qquad\qquad$ (2.3)

wobei k^- der Vorgänger von k ist. Beachte, dass nichtnegative Restriktionen aufgestellt werden, da man normalerweise Short-Positionen in der Aktie oder Anleihe hat.

2.3.2. Transaktionskosten

Um Transaktionskosten zu formen wird der einfachste Fall betrachtet. Hier gibt es keine Kosten bei Anfangs- und Endknoten aber eine Geld-Brief-Spanne auf Aktien an anderen Knoten. Man nehme an, falls man eine Aktie bei Knoten k kauft, zahlt man $S(k)(1 + \theta)$, während man eine Aktie verkauft, erhält man $S(k)(1 - \theta)$. Das bedeutet, die ausgeglichenen Restriktionen werden zu

$$n(k^-)S(k) + m(k^-)B(k) \geq n(k)S(k) + m(k)B(k) + |n(k) - n(k^-)|\theta S(k).$$

Da es einen absoluten Betrag in dieser Restriktion gibt, ist diese nicht linear. Die Linearität kann man aber erhalten, indem man nun zwei nichtnegative Variablen definiert:

$$x(k) = \text{Anzahl der gekauften Aktien am Knoten } k, \text{ und}$$

$$y(k) = \text{Anzahl der verkauften Aktien am Knoten } k.$$

Die ausgleichenden Restriktionen werden jetzt zu

$$n(k^-)S(k) + m(k^-)B(k) \geq n(k)S(k) + m(k)B(k) + (x(k) + y(k))\theta S(k)$$

$$n(k) - n(k^-) = x(k) - y(k)$$

$$x(k) \geq 0, \ y(k) \geq 0.$$

Beachte, dass diese Restriktionen die Möglichkeit des zeitgleichen Kaufs und Verkaufs von Aktien am gleichen Knoten erlaubt. Offenbar kann dies aber den Wert der Zielfunktion, die in (2.3) minimiert wird, nicht verbessern. Deshalb muss man keine Restriktionen zur Vermeidung aufstellen.

Diese geänderte Formulierung ist

$$\min \quad n(k_0)S(k_0) + m(k_0)B(k_0)$$

abhängig von

ausgeglichenen Restriktionen: $\quad n(k^-)S(k) + m(k^-)B(k) \geq n(k)S(k) + m(k)B(k)$

$\qquad\qquad + (x(k) + y(k))\theta S(k) \quad$ für jeden Startknoten $k \neq k_0$,

$\qquad\qquad n(k) - n(k^-) = x(k) - y(k) \quad$ für jeden Startknoten $k \neq k_0$,

kopierte Restriktionen: $\quad n(k^-)S(k) + m(k^-)B(k) \geq \max(S(k) - X, 0)$

für jeden Startknoten k,

Nichtnegativität: $\quad x(k) \geq 0, \quad y(k) \geq 0$ für jeden Knoten $k \neq k_0$. $\quad$ (2.4)

A. Anhang

Literaturverzeichnis

[1] Gerard Cornuejols, Reha Tütüncü: "Optimization Methods in Finance",
     Cambridge University Press (21. Dezember 2006)

[2] Peter Albrecht, Raimond Maurer: „Investment- und Risikomanagement",
     Schäffer-Poeschel Verlag Stuttgart, 3. Auflage, 2008

[3] Christoph Bruns, Frieder Meyer-Bullerdiek: „Professionelles Protfoliomanagement -
     Aufbau, Umsetzung und Erfolgskontrolle strukurierter Anlagestrategien", Schäffer-
     Poeschel Verlag Stuttgart, 3. Auflage, 2003

[4] Jürgen Kremer: „Einführung in die Diskrete Finanzmathematik", Springer Verlag
     Heidelberg, 2006

[5] S. Alexander, T.F. Coleman, Y. Li: "Minimizing CVaR and VaR for a portfolio of
     derivatives",
     http://www.sciencedirect.com, Journal of Banking & Finance 30 (2006)

[6] Andreas Pfeifer: „Praktische Finanzmathematik", Verlag Harri Deutsch, 3.Auflage,
     2004

[7] F. Anderson, H. Mausser, D. Rosen, and S. Uryasev: "Credit risk optimization with
     conditional value-at-risk criterion. Mathematical Programming B", 89(2001), 91-273

[8] Y. Zhao, W.T. Ziemba: "The Russell-Yasuda Kasai model: a stochastic programming
     model using a endogenously determined worst case risk measure for dynamic asset
     allocation. Mathematical Programming B", 89(2001), 293-309